PLATONIC
AND ARCHIMEDEAN
SOLIDS

当哲学遇见几何
——柏拉图和阿基米德多面体

［英］道尔顿·萨顿——著

刘 悦——译

CB K 湖南科学技术出版社·长沙

THE
BEAUTY
OF
SCIENCE
科学之美

图书在版编目（ＣＩＰ）数据

当哲学遇见几何：柏拉图和阿基米德多面体 / （英）道尔顿·萨顿
著；刘悦译. — 长沙：湖南科学技术出版社，2024.5（科学之美）
ISBN 978-7-5710-2833-6

Ⅰ．①当… Ⅱ．①道… ②刘… Ⅲ．①几何—普及读物 Ⅳ．①O18

中国国家版本馆 CIP 数据核字(2024)第 075846 号

湖南科学技术出版社获得本书中文简体版中国独家出版发行权。
著作权登记号：18-2023-47

DANG ZHEXUE YUJIAN JIHE BOLATU HE AJIMIDE DUMIANTI

当哲学遇见几何 柏拉图和阿基米德多面体

著　者：[英] 道尔顿·萨顿
译　者：刘　悦
出 版 人：潘晓山
责任编辑：刘　英　李　媛
版式设计：王语瑶
出版发行：湖南科学技术出版社
社　　址：长沙市芙蓉中路一段 416 号泊富国际金融中心
网　　址：http://www.hnstp.com
湖南科学技术出版社天猫旗舰店网址：
　　　　　http://hnkjcbs.tmall.com
邮购联系：0731-84375808
印　　刷：湖南省众鑫印务有限公司
　　　　　（印装质量问题请直接与本厂联系）
厂　　址：长沙县榔梨街道梨江大道 20 号
邮　　编：410100
版　　次：2024 年 5 月第 1 版
印　　次：2024 年 5 月第 1 次印刷
开　　本：889mm×1290mm　1/32
印　　张：2.125
字　　数：110 千字
书　　号：ISBN 978-7-5710-2833-6
定　　价：45.00 元

First published 1998
Revised edition © Wooden Books Ltd 2005

Published by Wooden Books Ltd.
Glastonbury, Somerset

British Library Cataloguing in Publication Data
Sutton, D.
Platonic & Archimedean Solids

A CIP catalogue record for this book
may be obtained from the British Library

ISBN-10: 1-904263-39-9
ISBN-13: 978-1-904263-39-5

Designed and typeset in Glastonbury, UK.

Printed in China on 100% FSC
approved sustainable papers by FSC
RR Donnelley Asia Printing Solutions Ltd.

WOODEN
BOOKS

PLATONIC
& ARCHIMEDEAN
SOLIDS

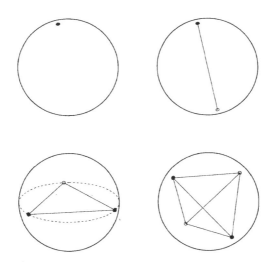

written and illustrated by

Daud Sutton

以慈悲的上帝之名

本书献给基斯·克里奇洛教授，他的工作使之成为可能，并纪念巴克敏斯特·富勒博士，后者是前者的老师。

我很感激那些多面体世界的几何学家、作家和艺术家。

感谢我的家人和朋友的批评和贡献。

目录
CONTENTS

　　想象一个球体，球面上任何一点都与另一点相同，并与唯一的球心等距，它就是统一的完美象征。

　　根据球面上的一点，可以定义出其他与之相关的点。其中，与正对面的点的关联，是最简单也是最明显的——从该点延伸出的直线，经过球心即可到达。如果再加入第三个点，并使这三个点的距离尽可能远，就可以构建出一个等边三角形。以球心为圆心的圆，就是大圆（great circles），即球面被通过球心的平面截得的圆。点、线和三角形分别是无维度、一维和二维的。至少要 4 个点，才能定义出无曲线的三维结构。

　　本篇通过从球体中衍生的最基本结构，图文并茂地阐述了三维空间里的数。这些美丽的形态，自古以来就是数学与艺术的基石，历经无数代人的探索之后，依然让人着迷。

柏拉图多面体 / 整体展开后的美丽形态
THE PLATONIC SOLIDS
BEAUTIFUL FORMS UNFOLD FROM UNITY

　　想象自己在一个荒岛上，干枯的树枝、剥落的树皮还有遍地的石头。若以三维结构来看，你就会在其中发现五种"完美"的形态。不论哪种，从其任何一个顶点（角点）看起来都是相同的，即各个面都为同样的规则图形，每条边的长度也相等，所有顶点在外接球面上呈对称分布，顶点数为 4、6、8、12 和 20。

　　这样的形态就是多面体，其单词的原意为"多个席位"（seats）。柏拉图的《蒂迈欧篇》（*Timaeus*）中，有现存最早的将多面体作为一个类别的描述，所以常常称为"柏拉图多面体"。柏拉图生活在公元前 427—前 347 年，不过有证据表明，这些多面体被发现的年代更为久远。

　　其中三种多面体的面为等边三角形——3 个、4 个或 5 个等边三角形相交于一个顶点，并以面的数量命名。四面体由 4 个面组成，八面体由 8 个面组成，二十面体则由 20 个面组成。立方体有 6 个正方形的面，十二面体的 12 个面都是正五边形。接下来，我们将对这些醒目的三维结构作进一步的了解。

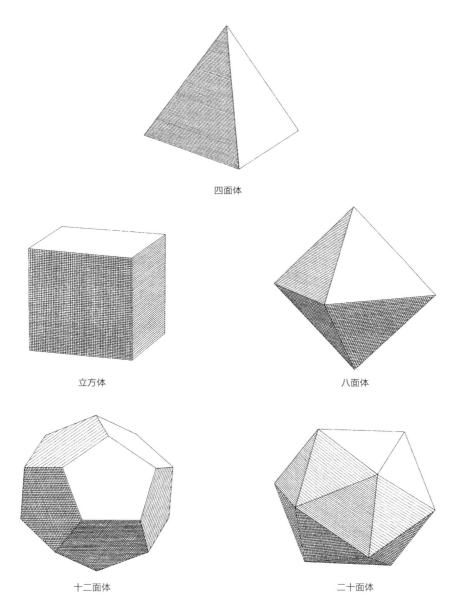

四面体

立方体

八面体

十二面体

二十面体

正四面体 / 4 个面、6 条棱、4 个顶点
THE TETRAHEDRON
4 FACES : 6 EDGES : 4 VERTICES

  四面体由 4 个等边三角形构成，每个顶点处有 3 个面交汇，其顶点也可以由 4 个一样并相切的圆的圆心来定义（见第 005 页右下图）。四面体具有尖锐的边缘和顶点，柏拉图便由其外形联想到火。同时，它也是最简单、最基本的正多面体。古希腊人以单词"puramis"表示四面体，"金字塔"的单词"pyramid"正是由它衍生而来。有趣的是，在希腊语中火就是"pur"。

  四面体有 3 条经过棱中点的二重旋转对称轴，以及 4 条三重旋转对称轴，每一条都经过一个顶点和所对等边三角形的中心（见下图）。任何有旋转轴的多面体，都具有四面体对称性（tetrahedral symmetry）。

  凡是柏拉图多面体都可以容纳于外接球中，各顶点与球面相切。此外，还可以定义出两个球体：经过各条棱中点的球体和内接球，即被多面体包裹，且球体与各个面的中心点相切。正四面体的内切球半径是外接球半径的 1/3（第 005 页左下图）。

边朝正上方：
二重旋转轴

面朝正上方：
三重旋转轴

从顶点看：
三重旋转轴

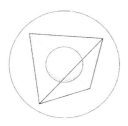

正八面体 / 8个面、12条棱、6个顶点
THE OCTAHEDRON
8 FACES : 12 EDGES : 6 VERTICES

　　正八面体由8个等边三角形构成，每个顶点处有4个面交汇。柏拉图认为，正八面体介于代表火元素的正四面体，与代表水元素的二十面体之间，所以它代表的元素是"空气"。正八面体有6条通过对边中点的二次旋转轴，4条经过面中心的三次旋转轴，以及3条经过对顶点的四次旋转轴（见下图）。任何拥有这几种旋转轴的立方体，都具备八面体对称性（octahedral symmetry）。

　　根据古希腊文献记载，雅典的数学家特埃特图斯（Theaetetus，公元前417—前369年）发现了八面体和二十面体。一般认为欧几里得所著《几何原本》的第13卷，就是基于特埃特图斯关于正多面体的研究。

　　正八面体的外接球半径与内切球半径之比为3。正方体的外接球半径和内切球半径之间，以及正四面体的外接球和内切球半径之间的关系也都是如此。

　　四面体、八面体和立方体的形态在矿物界很常见，钻石和萤石晶体的结构就常为正八面体。

边朝上：二次旋转轴

面朝上：三次旋转轴

从顶点看：四次旋转轴

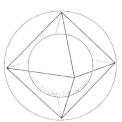

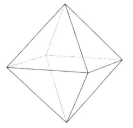

二十面体 / 20 个面、30 条棱、12 个顶点
THE ICOSAHEDRON
20 FACES : 30 EDGES : 12 VERTICES

　　二十面体由 20 个等边三角形构成，每个顶点处有 5 个面交汇。它有 15 条二次旋转轴，10 条三次旋转轴和 6 条五次旋转轴（见下图），这种特性称为二十面体对称性（icosahedral symmetry）。如果以同样大小的等边三角形构造出四面体、八面体和二十面体，则二十面体是最大的。根据其特点，柏拉图将二十面体与水元素联系在一起——在火、空气与水这三种流体元素中，水的密度最大、穿透力最弱。

　　多面体中，相邻两个面形成的角，称为二面角（dihedral angle）。二十面体中的二面角，在所有柏拉图多面体中是最大的。

　　将二十面体的任一条棱的两个端点与中心点彼此连接，形成一个等腰三角形——吉萨大金字塔的侧面就是它的放大版。此外，利用二十面体的对边，还能构造出黄金分割矩形（见第 022 页）。将 12 个相等的球体排列组合成一个二十面体，中心的空间放置另一个球体，其宽度仅为其他球体的十分之一（见第 009 页右下图）。

边朝上：二次旋转轴

面朝上：三次旋转轴

从顶点看：五次旋转轴

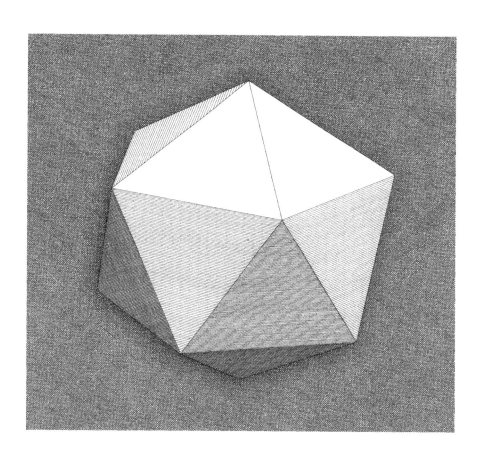

立方体 / 6 个面、12 条棱、8 个顶点
THE CUBE
6 FACES : 12 EDGES : 8 VERTICES

  立方体具备八面体对称性（见下图）。由于其结构的稳定性，柏拉图以立方体代表土元素。立方体拥有朝向前、后、左、右、上、下的六个面，对应着东、西、南、北、上、下六个方向，与我们的空间体验相一致。在第一篇"神圣的数"中，我们已经知晓"6"是第一个完全数，其因数相加等于自身（1+2+3=6）。

  将立方体的 12 条棱、12 条面对角线和 4 条体对角线相加，得到使 8 个顶点两两相连的 28 条直线。28 正是第二个完全数（1+2+4+7+14=28）。

  穆斯林朝觐的目的地，是麦加的克尔白天房（麦加清真寺内的方形石造殿堂，内有供教徒膜拜的黑色圣石）。"克尔白"的单词为"Kaaba"，与"Cube"同义，即"立方体"。此外，所罗门圣殿的结构为立方体，圣约翰描述下的新耶路撒冷也是立方体。公元前 430 年，依照德尔斐神谕的指示，雅典人将阿波罗神殿的立方体底座增大了一倍，形状却保持不变。"倍立方体"是几何学三大难题之一，最后被证明无法仅靠欧几里得几何学来解决。

边朝上：二重旋转轴

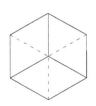

从顶点看：三重旋转轴

面朝上：四重旋转轴

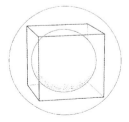

十二面体 / 12 个面、30 条棱、20 个顶点
THE DODECAHEDRON
12 FACES : 30 EDGES : 20 VERTICES

　　美丽的十二面体拥有 12 个正五边形的面，每个顶点处有 3 个面交汇。如下图所示，它具备二十面体对称性。与四面体和立方体一样，十二面体为早期的毕达哥拉斯学派所熟知，被称为"十二个五边形构成的球"（the sphere of twelve pentagons）。柏拉图在《蒂迈欧篇》中，对另外四种多面体做了详细阐述并指定代表元素之后，写下了这样一段高深莫测的话："上帝采用第五种结构，将星座绣在天空之中。"

　　将一个十二面体置于水平面上，连接位于 4 个横断面上的顶点，可以将其分成三部分。令人惊奇的是，中间部分的体积与另外两部分相等，即恰好是三等份！此外，若一个二十面体和一个十二面体的外接球同样大，则二者表面积之比等于体积之比，且内切球大小也相同。

　　"愚人金"，即黄铁矿的晶体结构，与十二面体极为类似，但可别上当，它的五边形面并非正五边形，且结构具有四面体对称性。

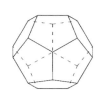

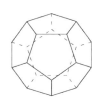

棱朝上：二重旋转轴　　　　从顶点看：三重旋转轴　　　　面朝上：五重旋转轴

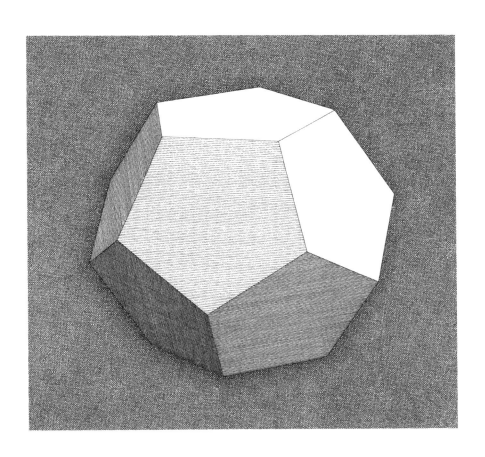

简短的证明 / 真的只有五种
A SHORT PROOF
ARE THERE REALLY ONLY FIVE?

正多边形各条边长度相等，各个角的角度也相等。正多面体的各个面，均为同样的正多边形，各个顶角也相等。柏拉图多面体，既是正多面体，也是凸多面体的立体结构，总共只有五种。欧几里得（Euclid of Alexandria，公元前325—前265年）在其著作《几何原本》第13卷中，给出了这五种凸正多面体的构造方法，并证明除此五种之外，再无其他凸正多面体。

画一个立体角（多面角）至少需要3个正多边形。如第015页图a、图b、图c所示，利用等边三角形有三种方法，分别为3个、4个、5个面交汇于一个点。如果使用6个等边三角形，就形成了平面（见图d）。如图e所示，3个正方形可以构成多面角，一旦使用4个正方形（见图f），结果就与图d一样。3个正五边形构成的多面角如图g所示，然而就算置于平面，也无法再容纳第4个正五边形。3个正六边形相交于一点，则构成平面（见图h）。3个边数更多的正多边形，无法交汇于一个顶点，这样就界定出了可能性的最大值。既然利用同样的正多边形，只能构造出5种多面角，那么可能的凸正多面体也只有5种。

当正多面体展平，正多边形面原先重合的边与边之间，就出现了空隙，称为缺角（angle deficiency）。法国数学家笛卡尔（1596—1650年）发现凸多面体展开后，角度之和总是等于720°（除去空隙的角度），即两个360°。随后，18世纪的瑞士数学家莱昂哈德·欧拉（Leonhard Euler, 1707—1783年）注意到另一个奇特现象：每一个凸正多面体的面数减去棱数，再加上顶点数，一定等于2。

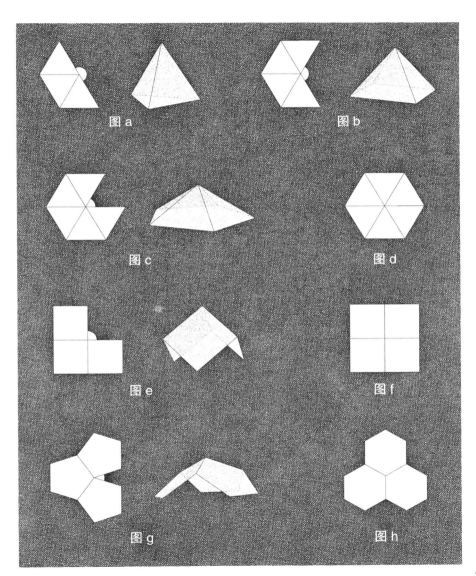

图 a

图 b

图 c

图 d

图 e

图 f

图 g

图 h

成双结对 / 两两分组的柏拉图立体
ALL THINGS IN PAIRS
PLATONIC SOLIDS TWO BY TWO

　　如果将柏拉图多面体的面心相连接，会发生什么？先从四面体开始，我们发现构成了另一个颠倒的四面体，立方体的面心则构成了一个八面体，而八面体的面心又构成了一个立方体，二十面体和十二面体之间也是如此。符合此种关系的多面体，互为对偶（duals），称为对偶多面体，彼此棱数相等，且对称性一致。四面体为自对偶（self‐dual）。

　　第 017 页的插图是对偶多面体的立体透视图。将书举至一臂之距，伸出一根手指，垂直于书面。注视手指，将逐渐模糊的图像进行对焦。现在，你脑海中应该浮现出三维场景了吧！

　　彼此对偶的柏拉图多面体，一方棱的中点与另一方的棱相交，形成的结构称为复合多面体，如下图所示。上苍造物，使万物莫不有对。柏拉图多面体的对偶关系，就是一个极佳的诠释。

 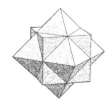 

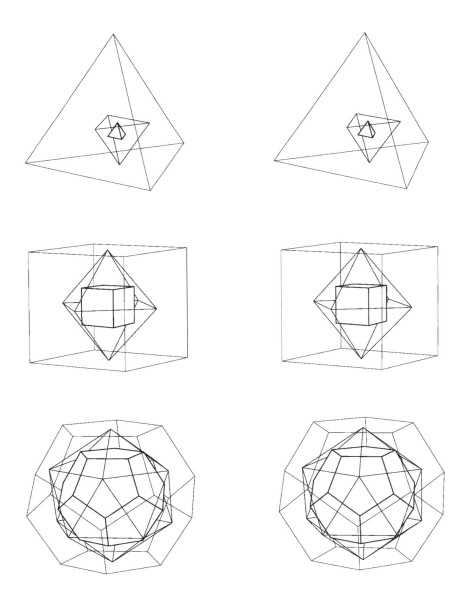

绕球而行 / 优雅的姿态
AROUND THE GLOBE
IN ELEGANT WAYS

　　按照柏拉图的宇宙哲学，物质本源由两种直角三角形构成，一种是等边三角形的一半，6 个相拼即可形成一个更大的等边三角形，进而形成四面体、八面体和二十面体；另一种是沿正方形对角线对裁形成的三角形，四个相拼即可成为正方形，进而构成立方体。

　　由于拥有对称面，每一个柏拉图多面体，都由互为镜像的两等份组合而成。四面体有 6 个对称面，八面体和立方体有 9 个对称面，二十面体和十二面体则有 15 个对称面（包括立体内部由对角线、中线构成的面）。若要用上述的柏拉图直角三角形，构造出正四面体、八面体和二十面体，只要先确定对称面即可。根据柏拉图的定义，四个三角形（第二种）相拼，即可形成正方形，进而得到立方体（见第 019 页右上图）。然而若要满足 9 个镜像对称面的要求，三角形的数量必须加倍（见第 019 页左中图）。

　　将由三角形构成的柏拉图立体，投射于外接球上，就形成了三种球面对称体系，每种体系都由特定的球面三角形定义。三角形的一个角为直角，一个 1/3 半圈的角，它们的第三个角分别为半圈的1/3（上行），半圈的 1/4（中行），半圈的 1/5（下行），即 1/3、1/4、1/5 正好优雅地将毕达哥拉斯三元数 3、4、5 倒置。

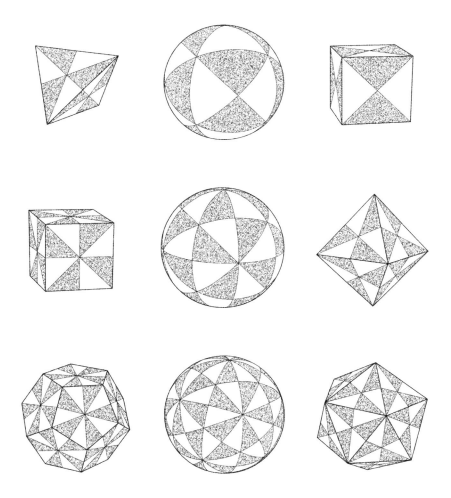

旋转不息 / 球面小圆
ROUND AND ROUND
LESSER CIRCLES

　　任何一个航海者都会告诉你，球面上两点之间的最短距离，一定是经过两点的大圆弧的劣弧部分。多面体的棱在其外接球面上的投影，形成一组大圆弧，称为径向投影（radial projection）。第021页图示中，左列展示了柏拉图立体的投影，虚线表示大圆弧。

　　相对于以球心为圆心的大圆，球面上其余的圆，都是球面小圆（lesser circle），即不通过球心的柏拉图立体的平面，与球面的交线，如第021页中间列图所示。欧几里得《几何原本》第14卷（第1—13卷为欧几里得所著，后两卷实为托名）中，证明了十二面体和二十面体在同一个球体上形成的球面小圆相等（第021页第四排与第五排中图）。立方体和八面体之间也是如此（见第021页第二排和第三排中图）。

　　将中间一列的球面小圆收缩，直到彼此相切，如第021页右列图所示。在苏格兰发现的许多新石器时代的石刻，都刻有这样的图案。其中一个刻有12个圆的球体（大约出现于4000年前），是已知最早的体现二十面体对称性的人工设计。

　　利用电线、细绳或胶带，将柳条或呼啦圈捆绑，就可以制造出较大的球面小圆模型。

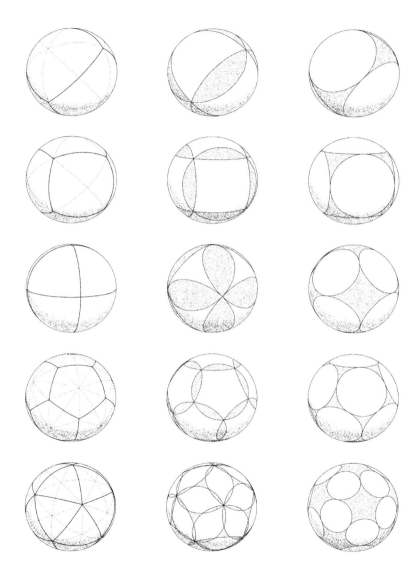

黄金分割 / 有趣的阵列
THE GOLDEN SECTION
AND SOME INTRIGUING JUXTAPOSITIONS

　　将一条线段分为长短两段，并且使长线与短线、原线段与长线之比，均符合黄金分割（见下图）。黄金分割率是无理数，无法以简分数表示，其值为 1 加上 5 的平方根，再除以 2 约等于 1.618，以希腊字母 ϕ 表示，有时也用 τ 表示。ϕ 与 1 密切关联——ϕ 的平方即 $\phi \times \phi = \phi + 1$（$2.68\cdots$）；$1 \div \phi = \phi - 1$（$0.618\cdots$）。其内部具有五次对称性：下图的五角星中，标粗的线段就是一个比值为黄金分割的连续序列。

　　从黄金矩形的一边，移走一个正方形，余下的部分依然是黄金矩形。重复上述动作，就会形成黄金螺旋（见右下图）。值得注意的是，二十面体的 12 个顶点，是 3 个互相垂直的黄金矩形的顶点（见第 023 页上图）。十二面体 20 个顶点中，有 12 个是 3 个互相垂直且长宽比为 ϕ^2 的矩形的顶点，其余 8 个顶点则是棱长为 ϕ 的立方体的顶点（见第 023 页下图）。

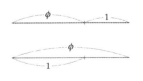

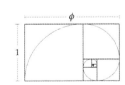

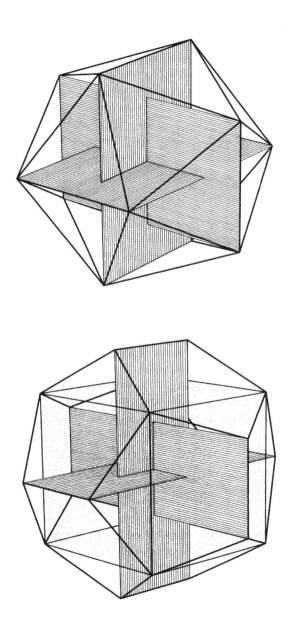

多面体中的多面体 / 永续进行中
POLYHEDRA WITHIN POLYHEDRA
AND SO PROCEED AD INFINITUM

　　若干个柏拉图多面体，能以独特而有趣的方式组装成整体（第051 页的附录里有详细的图示）。如第 025 页上方的一组立体透视图所示，棱长为 1 的十二面体中，嵌入了一个棱长为 ϕ 的立方体、一个棱长为 $\sqrt{2}\phi$ 的四面体，四面体占据了立方体体积的 1/3。

　　在中间的一组立体透视图中，八面体的 6 个顶点，由四面体 6 条棱的中点定义。八面体不仅对分了四面体的棱，还将四面体的表面积和体积一分为二，比值为 1 : 2，与音乐中的八度相符。同样的，八面体的 12 条棱，也被内嵌二十面体的 12 个顶点，精确地以黄金分割率分隔（关于如何画出体视图，见第 016 页）。

　　这两组体视图中，五种柏拉图立体以嵌套的方式，优雅地组合在一起。根据二者的双重关系，外部的十二面体可以定义出一个更大的二十面体，而内嵌的二十面体可以定义出一个更小的十二面体，无论向内或是向外嵌套，都可以无穷无尽地继续下去。

　　四面体、八面体和二十面体完全由等边三角形构成，称为凸三角多面体（convex deltahedra）。凸三角多面体只有 8 种，另外 5 种如第 025 页下面小图所示。

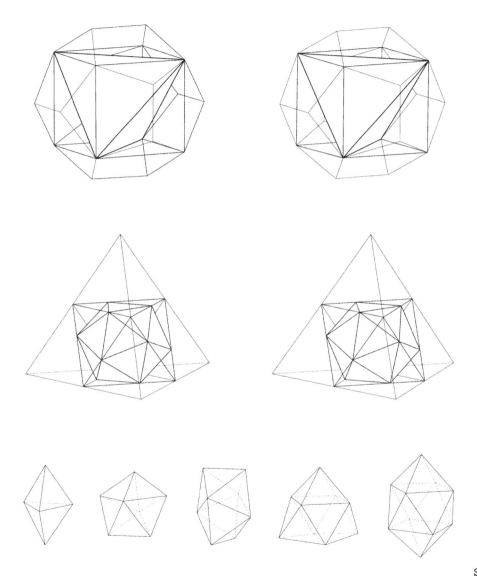

复合多面体 / 想象的延伸
COMPOUND POLYHEDRA
A STRETCH OF THE IMAGINATION

依据多面体之间的相互关系（参考前述内容），可以构造出美丽而独特的复合多面体。以八面体围绕一个固定的二十面体，共有5种方式，最后可以形成一个包含5个八面体的复合体（见第027页左上图）。将立方体嵌入十二面体中，也有5种方式，可以形成一个包含5个立方体的复合体（见第027页右上图）。将正四面体嵌入立方体的方式有两种，所形成的包含两个四面体的复合体，见第016页图所示。将嵌入十二面体中的每个立方体，都以2个四面体替代，就形成了包含10个四面体的复合体（见第027页左中图），再移走其中5个四面体，形成的包含5个四面体的复合体如第027页右中图所示。这个步骤如果按右手方向进行，称为右旋（dextro），反之则为左旋（laevo），二者不能叠加，互为彼此的对映体（enantiomorphs）。这种特性称之为"手性/对掌性"（chiral）。

回到立方体与十二面体。这次将立方体固定住，并以十二面体包围，共有两种方式。如果两种方式同时进行，则形成的复合体包含2个十二面体，如第027页左下图所示。同样，八面体和二十面体可以形成包含2个二十面体的复合体，如第027页右下图所示。此外还有许多造型特别的复合多面体，比如英文版权页前面的包含4个立方体的巴克斯复合体。

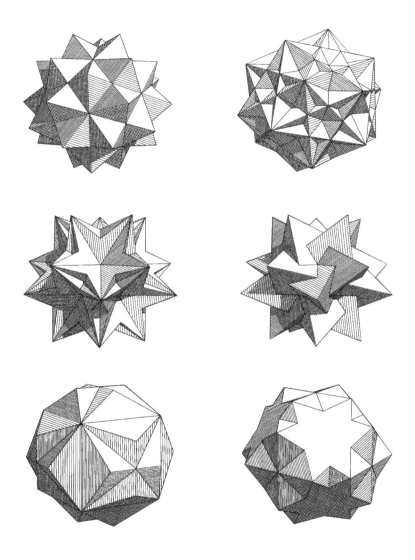

开普勒正多面体 / 星形与大星形十二面体
THE KEPLER POLYHEDRA
THE STELLATED AND GREAT STELLATED DODECAHEDRON

　　一些多面体的棱可以延长直至相交，如下图中的正五边形，最后形成了一个五角星，这个过程称为五角化/星形化（stellation）。开普勒痴迷于多面体，并提出五角化及两种可能的五角化方式：将棱延伸或将平面延伸。他对十二面体和二十面体采用第一种方式，从而发现了两种新的多面体，并称为大、小刺猬！（见第 029 页图）

　　"大、小刺猬"的现代名称，分别是星形十二面体（见第 029 页上图）和大星形十二面体（见第 029 页下图），顾名思义，这两种多面体是由星形平面与十二面体结合而成。二者都包含 12 个五角星形平面，交汇于每个顶点处的平面数分别为 5 和 3，均有二十面体对称性。

　　五角星形的五条边彼此交错，每条边长度相等，每个角大小一致，它所形成的多面体是非凸正多面体（non-convex regular polyhedra）。

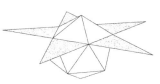

普安索多面体 / 大十二面体与大二十面体
THE POINSOT POLYHEDRA
THE GREAT DODECAHEDRON AND GREAT ICOSAHEDRON

　　普安索（Louis Poinsot，1777—1859 年）独立进行多面体的研究，不仅再次发现了开普勒的星形多面体，还发现了另外两种即大十二面体与大二十面体，如第 031 页上、下图所示。这两种多面体的每个顶点都有 5 个面交汇，形成五角星形的顶点图（vertex）。大十二面体有 12 个五边形的面，是第三种五角十二面体，大二十面体有 20 个三角形的面。令人难以置信的是，星形二十面体竟多达 58 种（通常加上二十面体，共计为 59 种），而大二十面体正是其中之一。此外，还有包含 5 个八面体、5 个四面体或 10 个四面体的复合多面体。

　　非凸正多面体顶点的排列，必须与一种柏拉图多面体保持一致。连接一个多面体的顶点，在多面体内部形成新的多边形，称之为构面（faceting）。柏拉图多面体进行构面之后，产生了包含 2 个和 10 个四面体的复合多面体，以及包含 5 个立方体的复合多面体，即两种普安索多面体（左下图）和两种开普勒星形多面体（右下图）。非凸正多面体只有这四种。

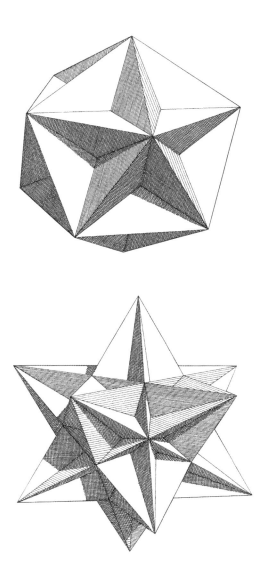

阿基米德多面体 / 13 种半正多面体
THE ARCHIMEDEAN SOLIDS
THIRTEEN SEMI-REGULAR POLYHEDRA

　　本书后半部分内容，基本上围绕阿基米德多面体为主题。作为半正多面体（semi-regular polyhedra），阿基米德多面体拥有不止一种规则形状的面以及相同的顶点，且都能完美地嵌于球体中，具备四面体、八面体或二十面体对称性。虽然首先由阿基米德发现，然而是开普勒在其著作《宇宙的和谐》中，首次对于 13 种阿基米德多面体进行完整的阐述。他还进一步发现，无穷多的正反棱镜也有相同的顶点和规则形状的面，如下图所示的七角棱镜与七角反棱镜。

　　将小斜方截半立方体的八角形顶部旋转 1/8 周，得到的结构如下图左起第三所示，称为假小斜方截半立方体。虽然每个顶点处交汇的正多边形依然不变，但相对于原多面体的整体性，实际相当于两个多面体的结合。

　　非凸半正多面体共有 53 种，右下角的十二合十二面体就是其中之一。柏拉图多面体、阿基米德多面体与开普勒 – 普安索多面体（星形正多面体）共计 75 种，统称为均匀多面体（Uniform Polyhedra）。

| 七角棱镜 | 七角反棱镜 | 假小斜方截半立方体（菱形立方八面体） | 十二合十二面体 |

截四面体

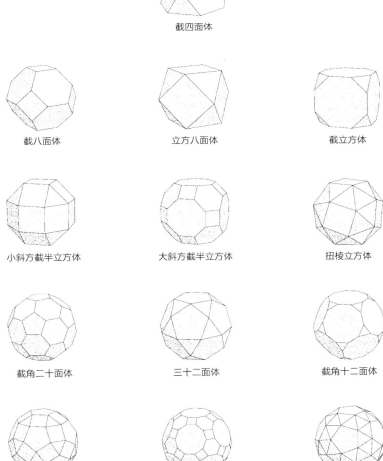

截八面体　　　　　立方八面体　　　　　截立方体

小斜方截半立方体　　大斜方截半立方体　　扭棱立方体

截角二十面体　　　　三十二面体　　　　　截角十二面体

小斜方截半二十面体　大斜方截半二十面体　扭棱十二面体

五种截角多面体 / 去掉那些角
FIVE TRUNCATIONS
OFF WITH THEIR CORNERS!

　　将柏拉图多面体截去顶角，可以形成五种阿基米德多面体，如下图所示。截去角的多面体，是柏拉图多面体顶点图的完美诠释：四面体、立方体和十二面体的截面是三角形；八面体的截面是正方形；二十面体的截面是五边形。每一种阿基米德多面体，都有外接球与内切球。不同形状的面，各有与之相对的内切球和外接球，面越大，与面心相切的内切球就越小。一个平截体由于拥有两种不同形状的面，所以有四个同心球。

　　这五种多面体，可以平放于各自相对的原柏拉图多面体及该柏拉图多面体的对偶多面体中。比如截角立方体，可以将其八角面平放于立方体中，也可以将其三角面平放于八面体中。在阿基米德多面体中，只有截角八面体可以通过重复堆砌将空间完全填满。除此之外，它还藏着一个秘密：将其一条棱的两端与中心连接，就会出现一个圆心角，与直角三角形中的锐角一样大。这种获得直角的方法，在古埃及石匠当中很流行。

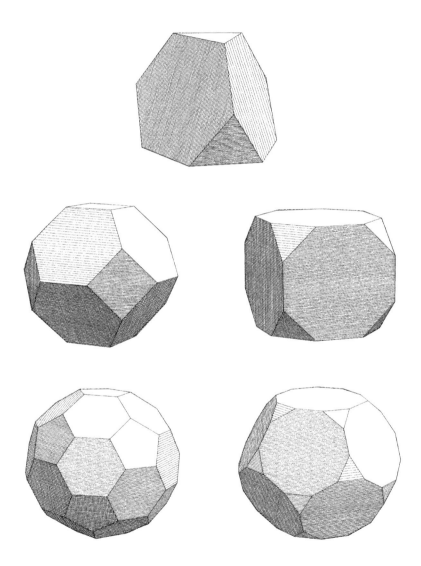

立方八面体 / 14 个面、24 条棱、12 个顶点
THE CUBOCTAHEDRON
14 FACES : 24 EDGES : 12 VERTICES

6 个来自于立方体的正方形面，和 8 个来自于八面体的三角形面，共同组成了一个立方八面体。立方八面体具有八面体对称性。将立方体或八面体各条棱的中点相连接，就可以得到一个立方八面体（见下方立体透视图）。根据赫伦（Heron of Alexandria，公元 10—75 年）所述，阿基米德将发现立方八面体的功劳归于柏拉图。

拟正多面体如立方八面体，由两种正多边形构成并彼此相邻。相同的棱不仅定义了面，还定义了经过中线的多边形。如第 037 页下中图所示，立方八面体的棱定义四个正六边形，而下左图中，拟正多面体的投影形成了完整的大圆。

如果有 13 个相同的球，其中一个球被其余 12 个球包围并彼此相切，就可以构出立方八面体，如第 037 页下右图所示。水果商贩就是利用这个诀窍，将橘子以六边形垒起来使之保持平衡。这种以 12 个球体围绕 1 个球体的方法，化学家称之为"六方密堆积"，其中各个球心形成了稳固的四面体和八面体框架。

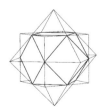

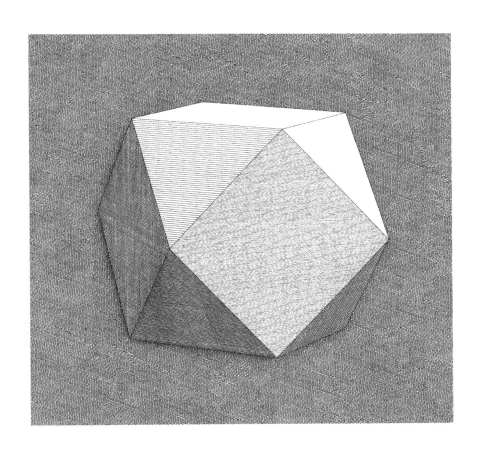

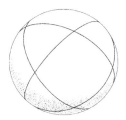

巧妙的扭曲 / 结构的奇迹
A CUNNING TWIST
AND A STRUCTURAL WONDER

  想象一个由牢固的框架和松动的顶点构成的立方八面体，这种不稳定的结构在英文中称为"jitterbug"，由巴克敏斯特·富勒（R. Buckminster Fuller, 1895—1983 年）命名。第 039 页图示中，为了便于看清，我们将三角形固定住，这样的结构会自动缓慢坍缩，并一分两半。在此过程中，原先的方孔不断地扭曲变形，当闭角间的距离等于三角形的边长时，就形成了一个二十面体。随后该结构继续坍缩，又形成了八面体。这时，如果顶部的三角形发生扭转，整个结构就会展平，变成 4 个三角形，可以将其组成一个四面体。

  巴克敏斯特·富勒发明的另一结构是测地学圆穹（geodesic domes）：将三角形面构成的多面体，一般是二十面体的面细分成更小的三角形。将新顶点向外投射，距离与原顶点和圆心之间的距离相等（见下图）。与之类似的结构，是流行于文艺复兴时期的七十二边多面体（右下图）。

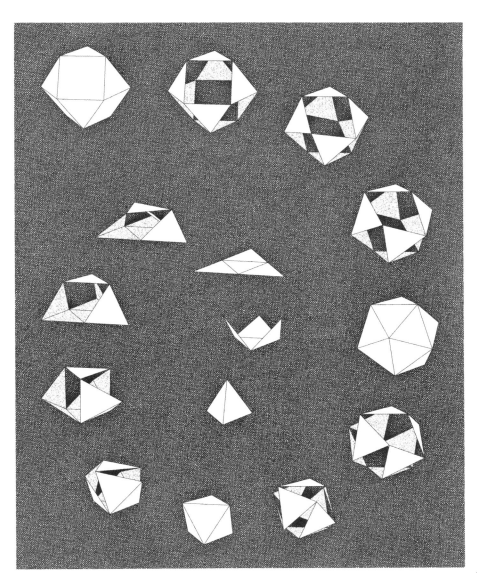

三十二面体 / 32 个面、60 条棱、30 个顶点
THE ICOSIDODECAHEDRON
32 FACES : 60 EDGES : 30 VERTICES

12 个来自于十二面体的五边形面，和 20 个来自于二十面体的三角形面，构成一个三十二面体。将二十面体或十二面体的各条棱中点相连，就形成了一个拟正三十二面体（如下图中两个立体透视图所示）。三十二面体的棱构成 6 个经过中线的十边形，其投影为 6 个大圆（见第 041 页左下图）。

达·芬奇（1452—1519 年）最早对三十二面体进行了描述，并记载在卢卡·帕西奥利修士（Fra Luca Pacioli，1445—1517 年）所著的《神奇的比例》一书中。该书的主题是黄金分割，而三十二面体的棱长与其外接圆的半径之比，正是对此完美的诠释。

以 30 个同样的球来定义三十二面体，中心的空缺正好可以放进一个体积为原球√5 倍的球（见第 041 页右下图）。

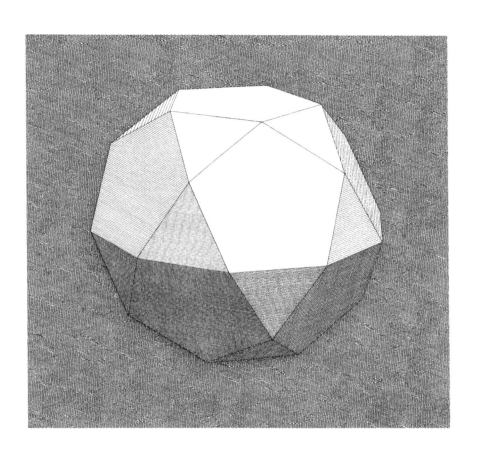

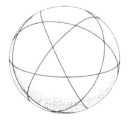

多面体外扩 / 从中心膨胀
FOUR EXPLOSIONS
EXPANDING FROM THE CENTER

　　将立方体或八面体的各个面向外移动，直到面与面的距离足够形成一个小斜方截半立方体（菱形立方八面体）（见下图和第043页左上图）。对十二面体或二十面体采取相同的步骤，则会得到一个小斜方截半二十面体（见第043页右上图）。 将截角立方体的八边形面，或是截角八面体的六边形面向外部移动，会形成一个大斜方截半立方体（见第043页左下图）。将截角十二面体的十边形面，或是截角二十面体的六边形面向外移，可以得到一个大斜方截半二十面体（第043页右下图）。

　　开普勒将大斜方截半立方体称为截角立方八面体，大斜方截半二十面体称为截角二十面体。不过他所说的截角，并不能形成方形的面，而是分别形成了长宽比为$\sqrt{2}:\phi$和黄金分割率的矩形。

　　上述四种多面体，其平面与立方体、八面体、菱形十二面体或二十面体、十二面体和菱形三十面体有共同之处。

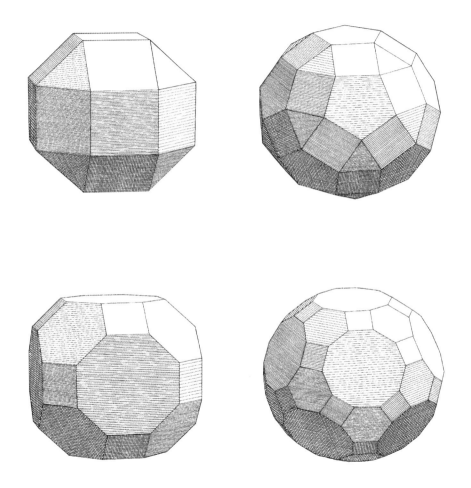

反向弯曲 / 扭棱立方体与扭棱十二面体
TURNING
THE SNUB CUBE AND SNUB DODECAHEDRON

　　"扭棱立方体"一词，是对开普勒提出的"cubus simus"一词的意译，其字面含义为"塌陷立方体"。扭棱立方体和扭棱十二面体都具有对掌性，即有左旋和右旋变体，分别如第 045 页左、右图所示。扭棱立方体具有八面体对称性，扭棱十二面体则具有二十面体对称性，二者均无镜像平面。在所有柏拉图和阿基米德多面体中，扭棱十二面体最接近于球形。

　　利用前面提到的小斜方截半立方体，可以画出类似第 039 页图示中的不稳定结构。将其中的某条棱弯曲，就形成了扭棱立方体（见下图），如果以单方向进行，就会形成右旋或左旋变体。小斜方截半二十面体和扭棱立方体之间存在对应关系。

　　五种柏拉图多面体，经过截角、合并、外扩、扭曲的方式，形成了 13 个阿基米德多面体。在三维空间里，它们复杂而微妙的结构一览无余。想知道还有什么惊喜在等着我们吗？

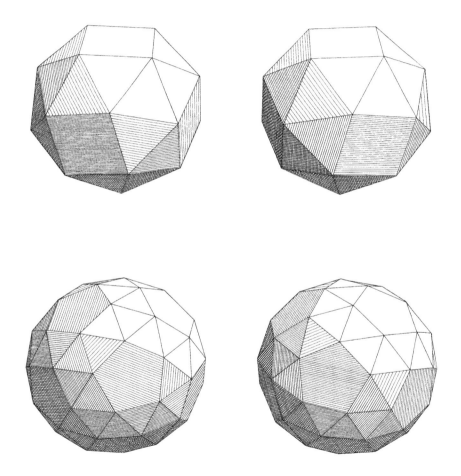

阿基米德多面体的对偶 / 万物莫不有对
THE ARCHIMEDEAN DUALS
EVERYTHENG HAS ITS OPPOSITE

　　首先对阿基米德多面体的对偶体作出整体描述的，是尤金·卡塔兰（Eugène Catalan，1814—1894 年）。如第 047 页图中所展示的，就是第 033 页图中多面体的对偶体。构造一个阿基米德多面体的对偶体，需将垂直于棱中点的直线延长，并与多面体的棱切球（midsphere）相切。这些直线就是对偶体的棱，彼此初次相交的点就是对偶体的顶点。不同于顶点，阿基米德多面体的面不止一种，对偶体则反其道行之，拥有不同的顶点，却仅有一种类型的面。

　　作为阿基米德多面体（即半正多面体），立方八面体和三十二面体（截半二十面体）的斜方对偶体，均由开普勒发现。柏拉图多面体及其对偶体形成的复合多面体（见第 016 页、第 036 页和第 040 页），定义了斜方多面体的面对角线。在斜方十二面体中，每个面的两条对角线比率为 $\sqrt{2}$，在斜方三十二面体中则为 ϕ。开普勒注意到，蜜蜂在筑造六边形蜂巢时，最后的步骤就是构出 3 个对角线比率为 $\sqrt{2}$ 的菱形。他还描述了 3 对对偶体（包括下图所示的半正多面体），并将立方体视为菱形立方体，八面体视为半正立方体。

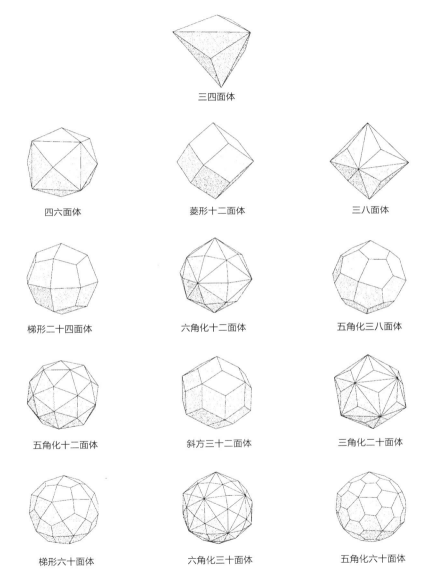

三四面体

四六面体

菱形十二面体

三八面体

梯形二十四面体

六角化十二面体

五角化三八面体

五角化十二面体

斜方三十二面体

三角化二十面体

梯形六十面体

六角化三十面体

五角化六十面体

更多的扩展多面体 / 看不见的维度
MORE EXPLOSIONS
AND UNSEEN DIMENSIONS

将菱形（斜方）十二面体，或是其对偶立方八面体向外扩展，最后都会得到一个棱长相等、有 55 个面的凸多面体（见第 049 页右上图）。而菱形三十面体，与外扩后的三十二面体相同，都有 122 个面（第049 页右下图）。

瑞士数学家路德维希·施莱夫利（Ludwig Schlafli，1814—1895年）证明了 6 种正四维多胞体：由正四面体构成的正五胞体、由立方体构成的正八胞体即超正方体、由正四面体构成的正十六胞体、由正八面体构成的正二十四胞体、由正十二面体构成的正一百二十胞体和由正四面体构成的正六百胞体。

菱形（斜方）十二面体是四维超正方体的三维投影，就如六边形是立方体的二维投影一样。立方体中的每条棱有两个面交汇，而在超正方体中，每条棱有 3 个正方形交汇。利用经过同一条棱的不同正方形，可以定义出 3 个立方体（如下图中阴影部分所示）。

施莱夫利还证明了，在四维或五维空间中，仅有的正多胞体包括：单纯形，也可称为广义四面体；超立方体，也可称为广义立方体；正轴体，也可称为广义八面体。

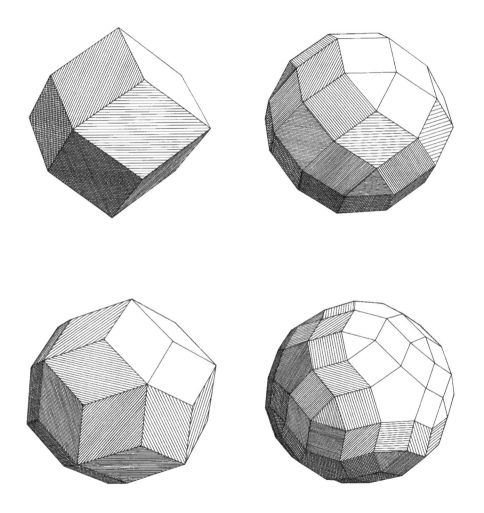

THE
BEAUTY
● F
SCIENCE
科学之美

附 录
APPENDICES

将多面体铺平
FLAT-PACKED POLYHEDRA

　　将多面体沿着某条棱"解开"并且履平，你会发现它变成了一张网。1525 年，阿尔布雷希特·丢勒（Abrecht Dircer）在《画家手册》一书中，对此做了最早的记录。下图中的"网"，重新折成多面体后拥有同样的外接球。

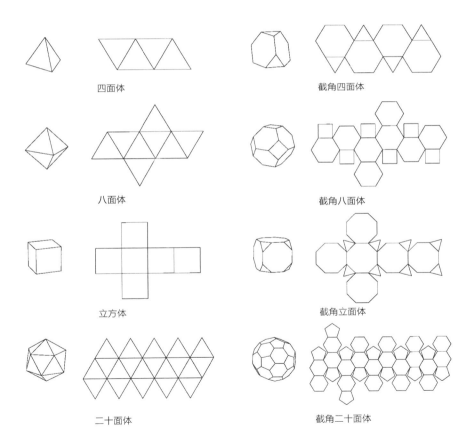

四面体

截角四面体

八面体

截角八面体

立方体

截角立方体

二十面体

截角二十面体

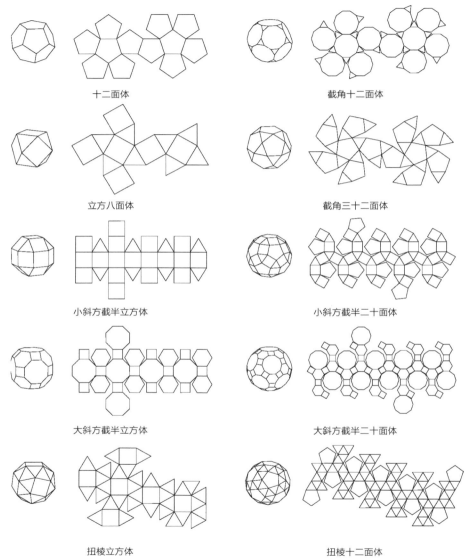

十二面体

截角十二面体

立方八面体

截角三十二面体

小斜方截半立方体

小斜方截半二十面体

大斜方截半立方体

大斜方截半二十面体

扭棱立方体

扭棱十二面体

阿基米德多面体
ARCHIMEDEAN SYMMETRIES

下图展示了阿基米德多面体，以及两种阿基米德多面体斜方对偶的旋转对称。

截角四面体

截角八面体　　　　　　　　　　　　截角二十面体

截角立方体　　　　　　　　　　　　截角十二面体

立方八面体　　　　　　　　　　　　三十二面体

小斜方截半立方体　　　　　　　　　小斜方截半二十面体

大斜方截半立方体　　　　　　　　　大斜方截半二十面体

扭棱立方体

扭棱十二面体

菱形十二面体

菱形三十面体

三维镶嵌
THREE-DIMENSIONAL TESSELATIONS

　　柏拉图多面体中，只有立方体可以仅凭自身填满一个空间。另外，用四面体和八面体互相组合，也可以做到（不加入柏拉图多面体以外的立体），阿基米德多面体如截角八面体和阿基米德多面体对偶，如斜方十二面体，也可以填满空间。

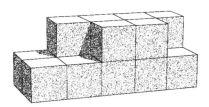

立方体

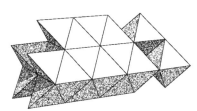

四面体和八面体

截角八面体

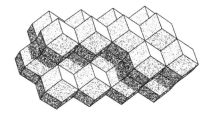

斜方十二面体

复合多面体
EACH EMBRACING EVERY OTHER

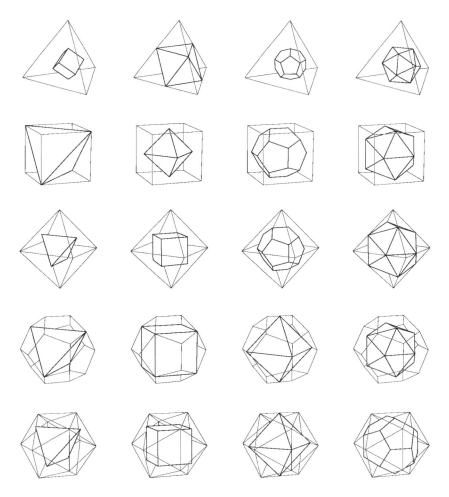

柏拉图多面体公式
PLATONIC SOLIDS FORMULAE

关于柏拉图多面体的度量性质，一个常见的主题是无理数 ϕ（黄金分割）的出现，以及平方根 $\sqrt{2}$、$\sqrt{3}$ 和 $\sqrt{5}$。它们的连分数的形式，优雅得令人感叹：

$$\phi = 1 + \cfrac{1}{1+\cfrac{1}{1+\cfrac{1}{1+\cdots}}} \qquad \sqrt{2} = 1 + \cfrac{1}{2+\cfrac{1}{2+\cfrac{1}{2+\cdots}}} \qquad \sqrt{3} = 1 + \cfrac{1}{1+\cfrac{1}{2+\cfrac{1}{1+\cdots}}} \qquad \sqrt{5} = 2 + \cfrac{1}{4+\cfrac{1}{4+\cfrac{1}{4+\cdots}}}$$

它们与 π 的十进制展开式（到小数点后 12 位）：

$$\phi = 1.618033988750 \quad \sqrt{2} = 1.414213562373 \quad \sqrt{3} = 1.732050807569$$
$$\sqrt{5} = 2.236067977500 \quad \pi = 3.141592653590$$

下方图表列出了半径为 r 的球体，和棱长为 s 的柏拉图多面体的体积和表面积，还包括了多面体中连接两个顶点的所有线段。

	体积	表面积	顶点之间的线段数，长度
球体	$\frac{4}{3}\pi r^3$	$4\pi r^2$	n/a
四面体	$\frac{\sqrt{2}}{12}s^3$	$\sqrt{3}s^2$	6 条棱，s
八面体	$\frac{\sqrt{2}}{3}s^3$	$2\sqrt{3}s^2$	12 条棱，s 3 条轴向对角线，$\sqrt{2}s$
立方体	s^3	$6s^2$	12 条棱，s 12 条面对角线（内接四面体），$\sqrt{2}s$ 4 条轴向对角线，$\sqrt{3}s$
二十面体	$\frac{5}{6}\phi^2 s^3$	$5\sqrt{3}s^2$	30 条棱，s 30 条面对角线，ϕs 6 条轴向对角线，$\sqrt{(\phi^2+1)}\,s$
十二面体	$\frac{\sqrt{5}}{2}\phi^4 s^3$	$3\sqrt{(25+10\sqrt{5})s^2}$	30 条棱，s 60 条面对角线，ϕs 60 条内对角线（内接四面体），$\sqrt{2}\phi s$ 30 条内接对角线，$\phi^2 s$ 10 条轴向对角线，$\sqrt{3}\phi s$

多面体数据表
POIYHEDRA DATA TABLE

	对称性 *	顶点数	棱数	面数	面的形状
四面体	Tetr.	4	6	4	4 个三角形
立方体	Oct.	8	12	6	6 个矩形
八面体	Oct.	6	12	8	8 个三角形
十二面体	Icos.	20	30	12	12 个五角形
二十面体	Icos.	12	30	20	20 个三角形
星形十二面体	Icos.	12	30	12	12 个五角星形
大十二面体	Icos.	12	30	12	12 个五角形
大星形十二面体	Icos.	20	30	12	12 个五角星形
大二十面体	Icos.	12	30	20	20 个三角形
立方八面体	Oct.	12	24	14	8 个三角形 6 个正方形
三十二面体	Icos.	30	60	32	20 个三角形 12 个五角形
截角四面体	Tetr.	12	18	8	4 个三角形 4 个六边形
截角立方体	Oct.	24	36	14	8 个三角形 6 个八角形
截角八面体	Oct.	24	36	14	6 个正方形 8 个六边形
截角十二面体	Icos.	60	90	32	20 个三角形 12 个十边形
截角二十面体	Icos.	60	90	32	12 个五角形 20 个六边形
小斜方截半立方体	Oct.	24	48	26	8 个三角形 18 个正方形
大斜方截半立方体	Oct.	48	72	26	12 个正方形 8 个六边形 6 个八角形
小斜方截半二十面体	Icos.	60	120	62	20 个三角形 30 个正方形 12 个五角形
大斜方截半二十面体	Ices.	120	180	62	30 个正方形 20 个六边形 12 个十边形
扭棱立方体	Oct.-**	24	60	38	32 个三角形 6 个正方形
扭棱十二面体	Icos.—**	60	150	92	80 个三角形 12 个五角形

　　* 对称性：四面体有 4 条三重旋转对称轴 ,3 条二重旋转对称轴 ,6 个对称面。八面体有 6 条二次 旋转轴 ,4 条三次旋转轴 ,3 条四次旋转轴 ,9 个对称面。二十面体有 15 条二次旋转轴 ,10 条三次 旋转 轴，6 条五次旋转轴 ,15 个对称面。

　　** 扭棱立方体没有镜平面。

内切圆半径 *** 外接圆半径	中半径 *** 外接圆半径	棱长 *** 外接圆半径	二面角 ****	圆心角 *****
0.3333333333	0.5773502692	1.6329931619	70°31'44"	109°28'16"
0.5773502692	0.8164965809	1.1547005384	90°00'00"	70°31'44"
0.5773502692	0.7071067812	1.4142135624	109°28'16"	90°00'00"
0.7946544723	0.9341723590	0.7136441795	116°33'54"	41°48'37"
0.7946544723	0.8506508084	1.0514622242	138°11'23"	63°26'06"
0.4472135955	0.5257311121	1.7013016167	116°33'54"	116°33'54"
0.4472135955	0.8506508084	1.0514622242	63°26'06"	63°26'06"
0.1875924741	0.3568220898	1.8683447179	63°26'06"	138°11'23"
0.1875924741	0.5257311121	1.7013016167	41°48'37"	116°33'54"
0.8164965809 0.7071067812	0.8660254038	1.0000000000	125°15'52"	60°00'00"
0.9341723590 0.8506508084	0.9510565163	0.6180339887	142°37'21"	36°00'00"
0.8703882798 0.5222329679	0.9045340337	0.8528028654	70°31'44" 109°28'16"	50°28'44"
0.9458621650 0.6785983445	0.9596829823	0.5621692754	90°00'00" 125°15'52"	32°39'00"
0.8944271910 0.7745966692	0.9486832981	0.6324555320	109°28'16" 125°15'52"	36°52'12"
0.9809163757 0.8385051474	0.9857219193	0.3367628118	116°33'54" 142°37'21"	19°23'15"
0.9392336205 0.9149583817	0.9794320855	0.4035482123	138°11'23" 142°37'21"	23°16'53"
0.9108680249 0.8628562095	0.9339488311	0.7148134887	135°00'00" 144°44'08"	41°52'55"
0.9523198087 0.9021230715 0.8259425910	0.9764509762	0.4314788105	125°15'52" 135°00'00" 144°44'08"	24°55'04"
0.9659953695 0.9485360199 0.9245941063	0.9746077624	0.4478379596	148°16'57" 159°05'41" 142°37'21"	25°52'43"
0.9825566436 0.9647979663 0.9049441875	0.9913166895	0.2629921751	148°16'57" 159°05'41" 142°37'21"	15°06'44"
0.9029870683 0.8503402074	0.9281913780	0.7442063312	142°59'00" 153°14'05"	43°41'27"
0.9634723304 0.9188614921	0.9727328506	0.4638568806	152°55'48" 164°10'31"	26°49'17"

*** 从多面体中心开始，到多面体各个面心的距离，是内切圆半径；到各条棱中点的距离，是中半径；外接圆半径则是到各个顶点的距离。

**** 阿基米德多面体中，二面角越大，相对的两个面越小。

***** 圆心角是棱的两端到多面体中心的连线所形成的角。